根据教育部、公安部、共青团中央、全国妇联
《关于做好预防少年儿童遭受性侵工作的意见》编著

不要和怪叔叔说话

儿童防性侵必备画册（修订版）

Buyao He Guaishushu Shuohua

文甬 著　神行动漫 绘图

农村读物出版社

图书在版编目（CIP）数据

不要和怪叔叔说话：儿童防性侵必备画册 ／ 文甬著
. — 2 版 . — 北京：农村读物出版社，2018.3（2018.10 重印）
ISBN 978-7-5048-5291-5

Ⅰ . ①不… Ⅱ . ①文… Ⅲ . ①安全教育 – 儿童读物
Ⅳ . ① X956-49

中国版本图书馆 CIP 数据核字 (2018) 第 050138 号

责任编辑	刘宁波　吕　睿	
出　版	农村读物出版社（北京市朝阳区麦子店街 18 号楼　100125）	
发　行	新华书店北京发行所	
印　刷	北京通州皇家印刷厂	
开　本	889mm × 1194mm　1/24	
印　张	5	
字　数	150 千	
版　次	2018 年 3 月第 2 版　2018 年 10 月北京第 3 次印刷	
定　价	29.80 元	

前　言
写给亲爱的小朋友

小朋友，我们相信你每天的生活都是开
开心心的，因为你有爱你的爸爸妈
妈，有和你一起玩的小同学、好朋友，
还有教给你知识的老师。他们陪伴着你，帮你解
决遇到的问题。

可是，你是否知道，这个世界上还有一些人，他们是有可能伤害你的。
他们不像童话故事和动画片里的坏蛋那样，一眼就可以认出来；他们也许会突
然出现在你的面前，也许就在你的身边。

他们的长相、职业、身份都不相同，但
有一点是相同的，那就是他们想伤

害你。我们管这样的人叫"怪叔叔"（有时也叫"怪蜀黍"）。他们不光会将魔爪伸向小姑娘，甚至还会对小男孩造成伤害。

小朋友，你是否开始担心了？"当怪叔叔出现时，我能认出他们吗？我知道该怎么对付他们吗？"不用担心，为了让你能认出怪叔叔、对付怪叔叔，我们特地编写了这本书。

在这本书里，我们把跟怪叔叔有关的知识，以及对付他们的方法用漫画和文字搭配的形式表现出来，让你能彻底看清这些怪叔叔的真面目，及时地认出他们、对付他们，从而保护好自己。我们还在每个章节的开头和结尾添加了一些测试题，让你能知道自己是不是真的掌握了自我保护的方法。

下面，就请你睁大眼睛，翻开这本书的下一页，好好看看那些怪叔叔都是什么模样吧！

目 录

三、怪叔叔会在哪儿出现？

四、避开怪叔叔

五、对付怪叔叔

后　记

一、怪叔叔的怪要求

先看一个案例：

小灵是个9岁的小女孩，天真可爱。虽然她的爸爸妈妈都在外地打工，她只能和奶奶以及小弟弟一起生活，小灵还是开开心心地过着白天上学、晚上回家照看弟弟的日子。因为怕小灵照顾不好自己，她的父亲每隔一段时间，就要给小灵打个电话，嘱咐她一定要注意安全。

小灵的父亲想不到的是，就在他和小灵最后一次通话的第二天，人们在邻居家的床上发现了小灵的尸体。她鲜活的生命永远定格在了9岁。

警方迅速展开调查，很快就确认了杀害小灵的凶手——邻居家的儿子。原来，前一天晚上，小灵家的电视天线出了问题，她就和弟弟、表妹一起到邻居家看电视。

过了一会儿，弟弟和表妹去了别的地方，屋里只剩下了小灵一个人。这时，邻居家的儿子从外面回来，看到小灵孤身一人，顿时起了邪念，将小灵强行拉到屋内床上。惊恐万分的小灵拼命抵抗，结果被该男子残忍地杀死了。虽然该男子最终被严惩，但小灵却失去了宝贵的生命。

应该说，这是一个典型的侵犯儿童的案例，我们可以从中看到性侵儿童案件的几个特点：多是熟人作案，如案例中的凶手就是邻居；危害性极大，侵害者为了防止事情败露，往往不择手段；一旦开始发生，因为侵害者与被侵害者力量上的差距，很难被及时阻止；由于被害人年幼，很容易应对不当，反而受到更大伤害。最重要的是，它反映出了儿童性侵犯案件发生的两个重要因素：1. 案件发生时，儿童往往缺乏监护人的保护；2. 案件发生前后，儿童会受到某些因素的引诱或胁迫。

正因如此，我们在防范怪叔叔时，也要本着以下原则：

1. 防外人，更要防熟人：和大多数人想的不一样，比起陌生人来，其实熟人有更多的接近你的机会，也只有熟人更有可能找到对你下手的时机。

2. 防坏人，更要防"好人"：怪叔叔们是非常擅长用零食、饮料或者玩具什么的来引诱你的。比起凶神恶煞的坏人来，那些笑嘻嘻地不停给你好处的人，以及意图不轨的老师、长辈其实很可能更为危险。

3. 管住手，更要管住腿：除了坚决不要陌生人给的东西之外，还有一点是小朋友一定要记住的：绝大部分的怪叔叔们是不敢在有其他人在场的地方伤害你的，因此一定要避免与成年人，特别是异性的成年人独处，更不能被他们以各种理由拉到陌生的、没有人能保护你的地方去。

4. 靠自己，更要靠大人：一方面，时刻与家长和老师保持联系，尽量减少自己完全独处的时间；另一方面，如果真的发生了可怕的事，千万不要忍气吞声或是被怪叔叔所吓倒，一定要及时和信得过的大人，像是爸爸妈妈、爷爷奶奶、老师等说明，让他们出面解决问题。在这种时候害怕、畏缩，只能让自己受到更多的伤害。

下面，就让我们牢记这些原则，一点点地认清这些怪叔叔的真面目吧。

（一）想一想：怪要求有哪些？

　　小朋友，想一想，除了你的爸爸妈妈外，有人对你提起过下面这些要求吗？你觉得这些要求中有哪几个是绝对不可以答应的呢？

　　A．要你脱掉衣服。

　　B．要抚摸你的身体，特别是被背心和裤衩遮住的部位。

　　C．要你抚摸他的身体，特别是被背心和裤衩遮住的部位。

　　D．带你看有很多裸体镜头的电影或者视频。

　　E．有不是医生的人要帮你检查身体。

　　F．有陌生人要你跟着他离开。

　　G．有陌生人要给你吃的或喝的。

　　H．有陌生人要给你玩具或钱。

　　我觉得不能答应的是＿＿＿＿＿＿。

　　选好了吧？没错，上面的要求都是不可以答应的。这些要求或是对你的身体的侵犯和伤害，或有可能是让你放松警惕的手段。

　　下面，就让我们来看看，怎样对付这些怪要求吧。

1 哪些部位不能摸

你的上衣脏了，老师帮你擦擦上面的土吧。

不用了，谢谢老师，我自己擦就行。

自我保护诀窍

小朋友，你知道什么是隐私部位吗？当有人触碰你的隐私部位时，你是不是能及时发现并阻止呢？

如果不知道的话，也不用着急，只要记住一种简单的判断方法就行了：每个人背心、裤衩里的身体部位就是隐私部位。如果有人要抚摸你的这些部位，或者要你抚摸他的这些部位，那不论是亲戚朋友还是陌生人，不论是老师还是家长，都一定要坚决地拒绝，千万不能答应！

自我保护诀窍

　　小朋友，你知道吗？很多时候，怪叔叔会借着接送你的名义，将你带到危险的地方去。特别是考虑到很多怪叔叔与被他们盯上的儿童间都是半熟不熟的关系，假如小朋友放松了警惕，跟着他们到了不熟悉的地方，那面临的危险可就要大很多了。

　　假如有人以你父母的名义来接你，而你却没从父母那里听说过这件事，那千万不可以直接跟着他走，就算他自称是父母的朋友、同事也不行。一定要第一时间与父母联系，证实对方的话之后再跟他离开。

13

自我保护诀窍

　　就像前面我们说的那样，怪叔叔是不敢在大庭广众之下伤害小朋友的，因此他们怪行为的第一步，几乎都是将小朋友引诱到一个对他们有利的地方（例如他们的家中）去。而他们最常用的手段，一个是唬骗小朋友，另一个就是用"有趣的地方""好玩的东西"等引诱小朋友跟着他们走。而像前面的案例中提到的小灵那样，自己不知不觉间进入了危险区域的小朋友，也不在少数。

　　同样的，只要能意识到这一点，小朋友就会发现，"管住腿"是规避危险的最重要的原则之一。一定要牢记：不管是有什么原因，千万不要独自到别人、特别是陌生人的家里去，更不能随随便便跟着别人走！

自我保护诀窍

　　有些时候，怪叔叔们会用一种很迂回的方法来伤害小朋友，即先给他们看一些儿童不应该看的东西，再利用小朋友的天真来欺骗他们。因为不容易被发现，这样的行为往往要过了很久才被家长知道。

　　不过，应对这种行为的方法倒也很简单：假如有人让你看暴露的人体，或是血腥、恐怖的东西，那么不管是书还是光盘，都千万不可以看！

自我保护诀窍

　　警方曾经进行过一次诱拐儿童的"实验"，谁都没想到的是，仅仅用一台iPad，扮演怪叔叔的警察就一次"钩"出了4名小朋友！可见，玩具的诱惑是小朋友们很难抵挡的。

　　然而，我们一定要牢记一件事：陌生人的东西不能拿，更不要跟着他去取这些东西。有些怪叔叔会借着教小朋友玩游戏、玩手机等名义，与小朋友发生较为亲密的接触，以方便他们趁机下手。所以如果有人用这些当借口，要求小朋友和他发生身体上的接触，就更要坚决地拒绝了！

23

自我保护诀窍

根据统计，那些上了年纪的怪叔叔在作案时，最喜欢的就是用零食来勾引小朋友们。不仅如此，与玩具相比，怪叔叔是能够在食物或饮料里加入对小朋友有害的药品的，一旦小朋友吃下去，就没有反抗或者求救的机会了。所以千万别吃外人给你的食物或饮料。

同样，如果有陌生人提出请小朋友吃饭这类的事情，也要拒绝他们，因为怪叔叔可以很容易地在买来的食物中掺入药品。

拒绝的时候，最好做到既有礼貌又坚决，这样才能彻底粉碎怪叔叔们的怪想法！

看了前面的故事，小朋友是不是已经知道怎么对付怪叔叔了呢？来，让我们试试看吧！

填好后，让你的爸爸妈妈看看，给你打打分！

3.怪叔叔举着一本奇怪的书给你看，你会告诉他：

_____

4.怪叔叔说有个玩具要给你，要你跟他走，你会说：

_____

家长接送

5.怪叔叔说来接你回家，可你的爸爸妈妈从没告诉过你这件事，这时你应该说：

_____

二、怪叔叔的怪模样

　　这是一起简直要用不可思议来形容的案件：一名男孩子在自己姐姐的班级门口等姐姐出来时，看到这个班的班主任正把手放到一个女孩的裤子里面。很快，男孩子的父母得知了这件事，并迅速报了警。警方调查的结果是：先后有十多名女学生被这个老师性侵，作案时间长达十余年。其间，虽然有很多小朋友都是在班级中被侵犯的，但是却没有一个人意识到这个老师正在做多么可怕的事情。

　　看到这个案例，相信小朋友的脑袋里会浮现一个大大的问号：为什么会这样呢？其实很好解释：因为受害的小朋友们并没有意识到老师也有可能做出伤害自己的事情。老师不应该都是善良、博学、关爱小朋友的吗？老师怎么可能是怪叔叔呢？

没错，在人们的常识中，那些怪叔叔都应该是像动画片里的坏人一样，是脱离于我们生活之外的，更应该是一眼就能被看出来的。可事实却完全不是这样。按照相关机构的统计，在 2006 年到 2008 年间发生的 340 起儿童侵害案件中，熟人作案超过了一半；这些案件中的犯人的身份更是五花八门：亲戚、老师、校长，甚至是同学；中国人、外国人；少年、青年乃至老年人都在其中。他们中的一大部分在案发前都显得与别人无异，有的甚至还得到了周围人不错的评价。可以说，正是我们对怪叔叔太过死板的偏见，导致了很多案件没能被及时发现。

但是不管外表再怎么千变万化，怪叔叔们的行为方式总是一致的：他们会想尽一切办法制造对小朋友来说非常危险的环境，从而找到伤害小朋友的机会。因此，只要能分辨他们的行为，我们就能看穿他们的真实面目。我们总结了一下怪叔叔们常用的手法，发现他们的行为基本上可以分成以下三个阶段：

侵害前阶段：怪叔叔用引诱、欺骗、胁迫等手段让小朋友跟随他到一个自己得不到保护的环境，也就是我们之前提到的危险环境里。

侵害阶段：在确保不会被发现并且小朋友无力抵抗或是意识不到被侵害后，怪叔叔会对小朋友做出性侵害的行为。

　　侵害后阶段：在结束对小朋友的性侵害后，由于害怕被小朋友告发，怪叔叔大多会选择用威胁、利诱、唬骗等手法让小朋友不告发他。

　　如果被侵害的小朋友没有及时揭露怪叔叔的行为，那么怪叔叔很快就会再次侵害这个小朋友或别的小朋友，从而再次进入侵害前阶段，如此反复。

　　下面，就让我们来好好地看一看，这些怪叔叔到底是什么怪模样吧！

（一）想一想：怪叔叔是什么样的？

小朋友，你觉得怪叔叔是什么样子的呢？下面我们给出几个怪叔叔的形象，请你看一看，有哪些是你觉得对的？

1. 怪叔叔都是四五十岁的成年人。

2. 怪叔叔都很吓人，能被一眼认出来。

3. 怪叔叔都没有工作，或者都很穷。

4. 我的亲戚、朋友、老师中也可能有怪叔叔。

5. 怪叔叔不会伤害自己或者朋友的孩子。

6. 只要我平时乖乖的，怪叔叔就不会伤害我。

我觉得正确的是＿＿＿＿＿＿＿＿。

小朋友，都选好了吧？好，让我们来看看正确的答案吧。

1. 怪叔叔都是四五十岁的成年人。

不对 。怪叔叔虽然叫"叔叔"，但却可能是二三十岁的人，或是六七十岁的老爷爷，甚至可能是十五六岁、十七八岁的大哥哥。

2. 怪叔叔都很吓人，能被一眼认出来。

不对 。怪叔叔也可能是爱逗你玩的邻居大哥哥、经常给你糖果的老爷爷、和蔼可亲的老师。

3. 怪叔叔都没有工作，或者都很穷。

不对 。怪叔叔很可能有一份很不错的工作，甚至可能是老师或者警察。

4. 我的亲戚、朋友中也可能有怪叔叔。

对 。千万不能因为跟某个人非常熟悉，就对他／她完全放松警惕。

5. 怪叔叔不会伤害自己或者朋友的孩子。

不对 。怪叔叔可不会因为你是他的亲戚而放过你。

6. 只要我平时乖乖的，怪叔叔就不会伤害我。

不对 。怪叔叔伤害一个孩子时绝不会管你平时乖不乖。

怎么样，小朋友，你做对了几道题呢？也许你会觉得：哎呀，这怪叔叔真是无处不在、防不胜防啊！其实，只要洞悉了他们的手段，你就能很容易地分辨出他们了。

(二) 怎样识破怪叔叔

自我保护诀窍

首先，我们一定要明白一件事：怪叔叔虽然名字里有"叔叔"，但这不意味着他们一定就是叔叔。他们也可能是姐姐、哥哥、爷爷，甚至是和小朋友在年龄上只差个两三岁的人。

同样，他们也不一定是陌生人，他们更有可能是邻居，或者某个和小朋友比较熟却并不安全可靠的"朋友"。明白了这一点，我们就会意识到，除了提防常见的用食物或饮料来诱惑小朋友的怪叔叔外，在面对那些突然提出要给你钱的、突然约你到某个地方去玩的、甚至是突然来找你一起玩的人时，都有必要多一个心眼。特别是现在，随着网络的发达，小朋友们或多或少都有几个网上的朋友，当他们提出线下独自见面时，可千万要提高警惕，不能随便答应啊。

自我保护诀窍

有些怪叔叔会用一种非常简单粗暴的方法来对付小朋友——先是吓，不行就打。这样的怪叔叔利用的是小朋友对成年人有一种敬畏的心理，如果小朋友因为觉得对方很可怕，或者担心对方跟爸爸妈妈认识，就对他唯命是从，那可就正中了怪叔叔们的下怀。

当怪叔叔以威胁甚至暴力的形式来攻击你时，一定要牢记：只要是违背了之前安全原则的要求，那么在对方使用暴力前就一定要坚决拒绝，尽量让自己停留在有较多人在附近的地方；如果对方看起来要动粗，那也不能惊慌，要一面冷静地和他周旋，一面找机会向其他人求救！

不要和怪叔叔说话
——儿童防性侵必备画册

自我保护诀窍

装熟也是怪叔叔们非常喜欢用的一种手段。前面我们已经说过，有时候怪叔叔会装成和小朋友的爸爸妈妈熟悉的人，以接你回家这类的借口将你带走。那么，该怎么识破这些人呢？

首先，一定要在平时就跟爸爸妈妈约定好，假如他们有事不能来接时，由谁来负责接小朋友回家，这样即使出现了意外情况，小朋友也能做到心里有数。其次，如果真的事出突然，而来接你的又是一个陌生人，那么小朋友可以要求对方给爸爸妈妈打个电话，向爸爸妈妈确认后再和他离开。

而对于那些自称是小朋友的邻居之类的人，小朋友只要牢记一点就可以了：不论什么情况，都不能跟他们一起走！

自我保护诀窍

　　有些怪叔叔会用特殊身份，像是老师、警察等，来诱骗小朋友上钩。从这几年的情况来看，尤以用老师身份要求学生听从他指挥的案例为多。那些被侵害的小朋友，往往都是盲目地服从老师的一切要求，这等于把自己推进了一个非常危险的环境内。

　　可是另一方面，如果小朋友因为害怕，就不管老师说什么都不听，那也是不可以的。最妥当的方法是：对于老师提出的要求，如果是没有违背前面提到的几项原则的，就应该听从；如果是违背了上面的原则的，例如要求你和他独处等，就一定要坚决拒绝。并且要做到时刻与爸爸妈妈保持联系，让他们知道你所在的地方以及你和谁在一起。

　　此外，像是警察这样的公职人员一般是不会要求儿童跟着他们一起行动的，所以遇到这种情况时，一定要立刻去找身边可信赖的大人，由他们进行处理。

自我保护诀窍

平时爸爸妈妈都教导我们要乐于助人，但是帮助别人也要注意方法，因为有的怪叔叔正是利用了小朋友们的善良来伤害他们的！2013年就曾发生过一起类似的恶性案例：一名孕妇将一位善良的女孩骗到家里，供其丈夫猥亵、杀害。

那么，我们该怎样识破怪叔叔的这种圈套呢？这就又要说到我们之前提到的"管住手，更要管住腿"的原则了。假如遇到需要帮助的人，最好的帮忙方式是找附近的大人来处理，千万不能逞强，更不能因为要做好事，就跟着或者带着对方到某个地方去。别忘了，怪叔叔最希望的，就是小朋友乖乖地跟着他走！

小朋友，画上的这些叔叔中有几个是可怕的怪叔叔，你能认出他们来吗？想好了之后去问问你的爸爸妈妈，看看你识破了几个怪叔叔？

三、怪叔叔会在哪儿出现？

看了前面的两个案例，小朋友也许会觉得，只要不到处乱跑，上学下学都由爸爸妈妈接送，怪叔叔肯定就不会来伤害自己了。但是，这种想法一方面太过消极，一方面也并不能在实质上解决问题。下面这个案例就是一种特殊却不罕见的情况：

洋洋今年8岁，是个可爱的小女孩。因为她所上的小学离家非常远，为了保护洋洋，家里特地安排由她的姑姑每天带着她上下学。

一天上公交车后，洋洋抢先坐在了靠前面的一个位子上，姑姑则坐在了在她后面几排的座位上。车上的人很多，很快洋洋身边就站了不少人。但姑姑觉得两人的

50

距离并不远，洋洋又一直在自己的视线之内，也就没多在意。

过了几分钟，姑姑想起些事情，就站起身往洋洋那里走去。这时，一直站在洋洋身边的一个男子突然快步走向车门，而洋洋也小声告诉姑姑说，那个男子一直在偷着摸她的腿部。

姑姑一听，立刻上前拉住了男子。在其他乘客的帮助下，男子迅速被制服，然后被巡警带走。

跟前面两个例子中的小朋友相比，洋洋已经算是非常幸运的了，至少她没有受到什么实质性的伤害。可是从另一个角度来看，在大庭广众之下，旁边还有自己的亲人在，洋洋还是被怪叔叔抓到了下手的机会，看来怪叔叔真的是"神通广大"了！难道小朋友只能时时刻刻提心吊胆地过日子了吗？

小朋友，不用担心，只要你知道了怪叔叔最经常出没的地方和他们在这些地方最常用的手段，想要阻止他们并不是一件难事。总的来看，只要是至少满足下面几项条件之一的环境，就是很危险的了：

没人能帮忙：指小朋友很容易在这里与怪叔叔独处，周围没有能及时提供帮助的可靠的成年人的环境。街上少有人至的角落、亲戚或朋友家、学校甚至医院都是这样的环境。

没路能逃走：指因为封闭或者路径不熟，小朋友没法从中迅速逃走的环境。符合这个条件的环境主要是距离小朋友家很远或者对小朋友来说比较陌生的地方，例如别人家中、汽车上等。

没法被发现：指因为人太多或者环境太昏暗，又或者不容易分辨的缘故，即使有人偷偷摸了小朋友的隐私部位，也没法及时发现或阻止的环境，例如电影院、交通工具上以及舞蹈学校、体育学校，等等。

当小朋友处在符合这些危险条件的场合时，一定要多留几个心眼，怪叔叔可能就在你身边！

（一）想一想：怪叔叔在什么地方出没？

小朋友，平时你每天都要去很多地方吧？那么，你是否知道有哪些地方是可能有怪叔叔出没的呢？请你找一找你觉得怪叔叔会出没的环境。

A. 学校或幼儿园　　　　　　　B. 游乐园或公园

C. 医院里　　　　　　　　　　D. 马路上

E. 交通工具上　　　　　　　　F. 同学家中

G. 自己家里　　　　　　　　　H. 商店里

我觉得怪叔叔会出没的环境是＿＿＿＿＿＿＿。

小朋友，想好答案了么？真聪明！这些地方都有可能会有怪叔叔出没，所以不能说哪个地方是完全安全的——就连家里也不行。不过，和其他地方比起来，有几个地方是更为危险的：家中、学校、街上、同学家及交通工具上。

那么，怎样才能及时发现这些怪叔叔呢？让我们看看在不同场合怪叔叔都会有什么样的表现吧！

自我保护诀窍

潜伏在学校里的怪叔叔，几乎都是老师或者校长，这是因为学校是一个相对封闭的环境，外人并不是很容易进入到这个环境内。但也正因为这一点，小朋友在学校里是和爸爸妈妈分开的，遇到那些用老师的身份来掩饰自己的怪叔叔，就非常危险了。但是小朋友不用太担心，即使有个别怪叔叔存在，学校里其他的老师也肯定都是善良的、关照学生的，因此如果在学校里遇到了怪叔叔，那么可以第一时间向别的老师求救，也可以尽快告诉爸爸妈妈。

在参加一些课外班，特别是体育、舞蹈等培训班时，小朋友也要提高警惕，因为在这些培训班上，小朋友往往要与老师进行大量的肢体接触。这时需要注意的是，如果老师频繁、无端地触摸小朋友身上的隐私部位（小朋友还记得隐私部位是哪里吧？记不得的话赶快翻翻前面的内容），那么就要及时阻止他们，并且告诉爸爸妈妈。

还有一处需要注意的地方，就是"学校"和"家"的中继点。有时候，爸爸妈妈因为下班比较晚，可能会将小朋友托付给老师、保安或者专门负责这种业务的人照顾。但因为在这种环境下，小朋友往往是与负责照顾的人独处的，所以也就特别危险。为了安全起见，还是由爸爸妈妈亲自来接的好。如果实在不可以，那就一定要固定选择一个像是班主任老师这样的稳定可靠的人，或者尽量和别的小朋友一起等，才能把危险降到最低。

自我保护诀窍

首先要告诉小朋友的是，除非是迫不得已，我们强烈建议小朋友不要在没有家长照顾的情况下单独上街。哪怕仅仅是在家附近玩，遇到怪叔叔的风险也会急剧上升。当发现小朋友周围没有监护人时，怪叔叔往往会对小朋友下手，甚至会用暴力将小朋友强行带走。

假如不得不一个人出来，那么小朋友要牢记：当遇到有人想要引导着小朋友去某个地方时，一定要果断拒绝他。例如，如果在街上还有其他人时，突然有一个人来向小朋友问路，或是问路的人特别指出希望小朋友能领着他去，那么就一定要小心了，因为一般的问路者是不会优先选择问小朋友的，更不会要求一个小朋友带着他到目的地去。

在街上还有一种要特别注意的对象，那就是开车的人。根据统计，车辆是发生儿童侵害事件最严重的地点之一。小朋友可千万不能因为一时偷懒或觉得好玩，而随随便便地上陌生人的车啊！

自我保护诀窍

　　小朋友可能根本想不到这一点：家庭内部以及家周围，恰恰是怪叔叔出没的可能性最大的地方。这是因为在没有其他人保护的情况下，家里的怪叔叔可以很方便地侵害小朋友。因此，在面对叔叔、伯伯、继父等在关系上不是极为密切的亲属，以及前来帮工的家政人员等时，小朋友绝对不能掉以轻心。如果他们做了让小朋友感觉不舒服甚至难受的行为，或是要触摸小朋友的隐私部位，那一定要坚决地拒绝他们！千万别因为是在自己家里，就放松了对怪叔叔的警惕啊！

　　另一件需要注意的事情是，当家中没有成年人在家时，如果突然来了不熟悉的客人，或是声称送快递、查水表等的人，小朋友千万不能随便开门。当然，考虑到贸然应答会有暴露自己是一个人在家的危险，最安全的方法是不要做声，等敲门的人直接离开。同时，平时也要和爸爸妈妈约定好，如果有需要帮忙开门的人，一定要提前和小朋友说清楚。

自我保护诀窍

人都有亲戚、朋友，关系一好，小朋友难免要到同学和亲戚家去玩，这是没有问题的。但在同学、亲戚家里时，小朋友其实是处于高危环境中的——远离父母、很难逃走。尤其是如果贸然在朋友家停留较长时间甚至过夜，因为要和许多并不熟悉的大人近距离接触，往往会给小朋友带来非常大的风险。

有鉴于此，除非是万不得已，小朋友最好是不要在朋友家过夜，到朋友家拜访和回家时也最好有爸爸妈妈负责接送，这样才能万无一失。

而如果到亲戚家玩，因临时计划有变而需要过夜，那么一定要提前跟爸爸妈妈打好招呼，并且要留心：如果是单身一人居住的异性亲属，最好不要在他们那里过夜。

总之，同学和亲戚家的大人同样是需要提高警惕的对象，不管是去同学家还是亲戚家，一定要先让父母知道你在什么地方！

自我保护诀窍

交通工具也是怪叔叔经常出没的一个地方，特别是随着城市的发展，小朋友上学的距离也越来越远，因此更容易在交通工具上遇到怪叔叔。

一般来说，小朋友上学下学时是会有监护人接送的，所以不用太担心会被怪叔叔拐骗走；这些地方人流量大，绝大部分的怪叔叔同样不敢在这种地方以威胁之类的方式强迫小朋友跟他走。但是，也正因为人多拥挤，像前面案例中洋洋那样被陌生人借机抚摸、磨蹭身体的情况就更容易发生。

遇到这种情况，一定要第一时间告诉爸爸妈妈，或者第一时间大声制止对方。怪叔叔是不敢在这种环境下跟小朋友动粗的，所以不用害怕，更不要因为害羞而不敢作声！

小朋友，看了上面的漫画，你是不是已经能找出哪些人是怪叔叔了呢？让我们做个小游戏吧！在这两页的图画中，隐藏了好几个怪叔叔，请你用铅笔把他们标出来，然后让爸爸妈妈检查一下，看看你是不是找出了所有的怪叔叔。

四、避开怪叔叔

先看一个案例：

　　一天，某地警方突然接到报案：有 3 名 13 岁的女孩子在校园里被集体"拐走"了。失踪儿童的家长心急如焚，警方也迅速展开调查。初步的调查结果是：这些女孩子都很喜欢上网，也都爱在网上和人聊天。于是，警方调查了这些女孩子的 QQ 账号使用情况，发现她们最后登录 QQ 时的上网地是天津。经过一番周折，警方终于在天津的一家歌舞厅内找到了她们。

　　原来，这几位女生在网上聊天时受到了网友的鼓动，轻信了网友"带她们到天津玩"的承诺，跟着网友到了天津。结果一到当地，她们就被拉进了歌舞厅。网友用酒灌醉了她们后，对她们实施了性侵。

最终，案件顺利告破，3个女孩子也成功地回到了家中。可是，她们的身心都受到了巨大的、无法弥补的创伤。

小朋友，看了这个案例，你也许会觉得那几个女孩子太傻了，觉得"我才不会跟不认识的人一起去外地呢"。但是，如果是你邻居家的大哥哥要拉着你去游戏厅打游戏，你会不会去呢？会不会觉得有些心动呢？

在前面几章的内容中，我们和小朋友一起，将怪叔叔的里里外外分析得清清楚楚。相信看了这几章的内容后，小朋友对于怪叔叔出没的地点环境、使用的手段、表面的伪装都有了非常深刻的认识了。在接下来的两章中，我们要开始教小朋友一些实用性更强的东西了——怎样避开和应对怪叔叔。

首先，我们来看看怎样避开怪叔叔。比起到了发生事情时再想怎么应对，从一开始就远离怪叔叔显然是最安全的。但是，小朋友是否能意识到，我们在生活中遇到的很多事情，如果应对不当，其实都有可能让怪叔叔接近我们呢？在这里，我们提出两个最简单的方针，只要小朋友按照这两个方针处理事情，就能远离很多危险。这两个方针是：

方针1：别让怪叔叔知道你是谁。可能很多小朋友会以为，只要我不说出自己的名字，是不是就不会让别人知道我是谁了呢？其实不是这样。网上跟不熟悉的人聊天时随口说的话、街上做调查时填的数据，甚至是胸前挂着的钥匙（意味着这个小朋友回家后很可能是一个人在家），都有可能暴露出关于这个小朋友的重要信息，让怪叔叔找到可趁之机。因此，对于自己的个人信息一定要严加保护，不是必须透露的时候就绝对别透露出去。

方针 2：别让怪叔叔知道你在哪儿。也许会有小朋友说："我只要不跟着怪叔叔走，他不就不知道我在哪儿了吗？"其实很多时候，小朋友们恰恰是主动告诉怪叔叔自己的位置的。例如说，有的小朋友可能喜欢放学后在街上逛一会儿，甚至去网吧、游戏厅这类地方，而这些地方恰恰也是很多怪叔叔最喜欢出没的所在。小朋友们独自或者跟朋友到这种地方去，那不就等于告诉怪叔叔们"我在这儿"吗？所以，还是一开始的那句话，一定要"管住腿"。

说完了原则，接下来我们就该告诉小朋友一些自我保护的具体方法了。让我们从一套稍微复杂一点儿的问题开始吧！

（一）想一想：现实中的怪叔叔会做什么？

小红是个很可爱的小朋友，今天她在从学校回家的路上遇到了好几个麻烦的问题，请你帮她下决定吧！

A. 小红的好朋友想和她一起去游戏厅玩，可妈妈让小红放学后直接回家。好朋友说玩一会儿没关系，小红该怎么办呢？去／不去

B. 路上的一个自称是外地来的叔叔请小红带他到附近的一条胡同，小红正好认识那条胡同。叔叔看起来挺着急的，而且坚持要小红带着他去。小红要不要帮他呢？帮／不帮

C. 一位不认识的阿姨向小红问路，小红告诉了她。阿姨请小红吃糖作为感谢，小红要不要吃呢？吃／不吃

D. 邻居家的哥哥要小红到他家去看一会儿电视，现在正在播小红最喜欢的动画，如果回家的话妈妈会让小红先写作业，可能就赶不上看了。小红应不应该去呢？去看／不去看

E. 小红的一个叔叔来小红家做客了。爸爸妈妈出去买菜时，他突然要小红来陪他玩一会儿。这个叔叔平时老给小红买玩具什么的，小红应该陪他玩吗？陪／不陪

怎么样，小朋友，这些问题是不是比之前的问题更不好回答了？其实咱们在生活中遇到的，往往也都是这种复杂的问题，这时要记住的就是坚持前面提到的那些原则：拒绝对隐私

部位的触碰；不跟陌生人一起行动或拿他们的东西；时刻保持和父母的联系，不在他们不知道的情况下行动。相信你一定能意识到，上面的几个问题都要选择不答应，不然小红可就危险了。

　　下面，就让我们看看有什么避开怪叔叔的方法吧。

自我保护诀窍

　　之所以要严密保护自己的个人信息，就是因为怪叔叔能从这些信息里找出对小朋友不利的东西来。例如说，假如怪叔叔知道了小朋友的名字，就有机会进一步打探出小朋友的其他信息；而如果他知道了小朋友的父母不在附近，那他可能就会开始对小朋友不利了！

　　因此，在遇到有陌生人或是不熟悉的人问这些问题时，小朋友一定要提高警惕性，不仅不能随便告诉他们真实的信息，还要尽量让自己表现得处在比较安全的环境里，例如告诉怪叔叔"家就在旁边""大人就在身边"等，这样才能让那些怪叔叔不得不放弃侵害小朋友。

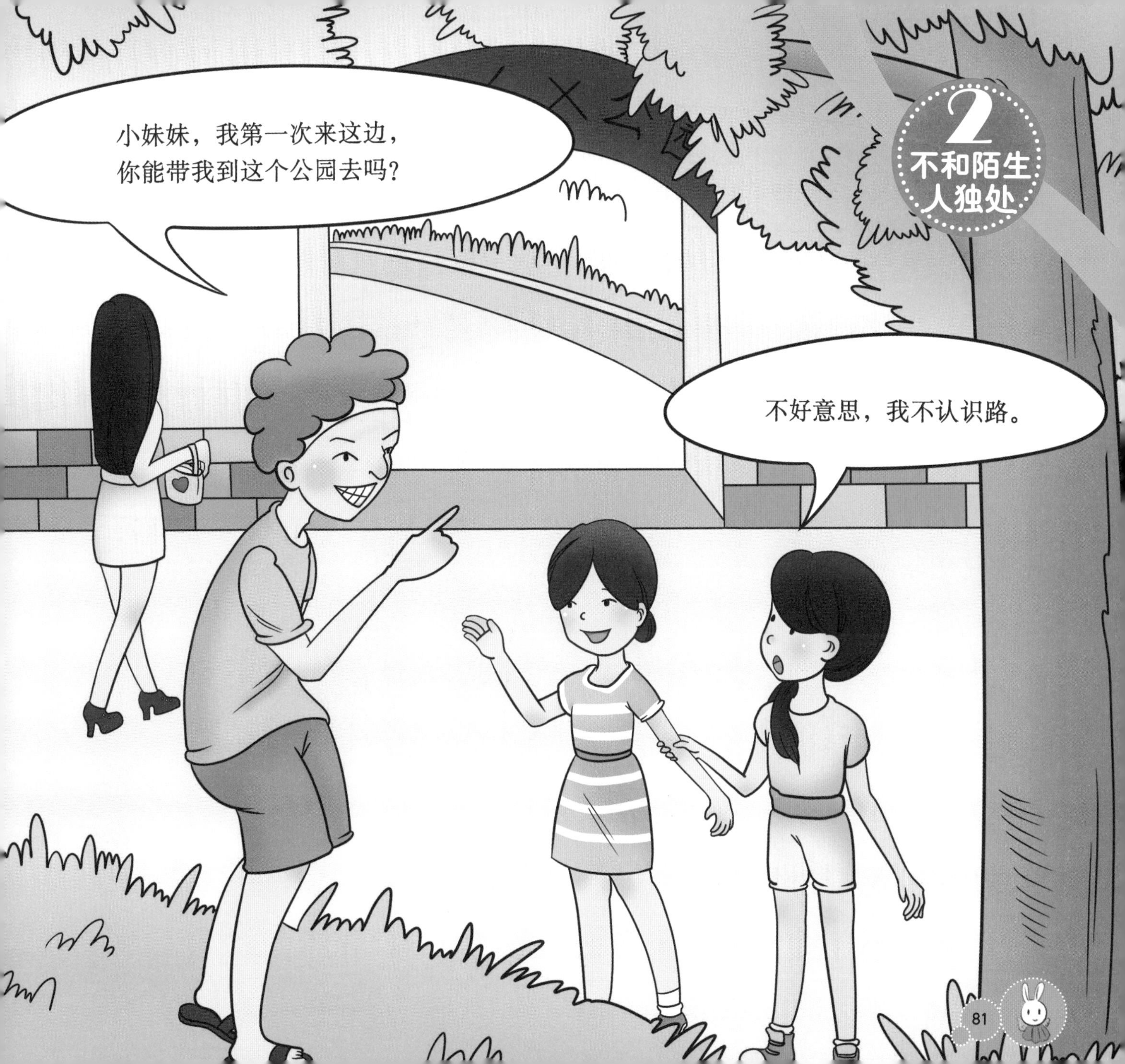
2
不和陌生人独处
小妹妹，我第一次来这边，你能带我到这个公园去吗？
不好意思，我不认识路。

自我保护诀窍

在前面几章中，我们提到了很多避免与陌生人独处的方法，这里再补充几点小朋友要注意的地方：

第一，千万不要因为身边有伙伴，就贸然同陌生人一起行动。这样的结果往往是不仅害了自己，还害了自己的朋友。

第二，因为迷路等陷入困境时，一定不要惊慌，因为越是这样越容易让怪叔叔注意到你；更不能随便跟着不认识的人走。比较稳妥的方法是向周围的人借用通信工具，然后直接与警察或家长联系。

第三，当遇到同龄人提出留下过夜等要求时，不要因为觉得与大人无关而随便答应。虽然对方大多数情况下是没有恶意的，但小朋友一定要意识到，最重要的还是时刻远离可能造成危险的环境。

自我保护诀窍

　　避开怪叔叔的另一个重要方法，就是时刻与监护人保持联系。这样不仅对小朋友周围其他的成年人有很强的威慑力，一旦真的出了什么问题，也能让爸爸妈妈迅速确定小朋友可能在的地方。想要做到这一点，小朋友需要注意以下细节：

　　就像前面说的那样，当因为某些原因而要外出时，小朋友最好是能请父母或别的监护人陪伴，才能确保在路上万无一失。如果家人实在不能陪伴，又必须要出去，那就要随身携带通信设备，并和父母约定在路上多长时间联系一次。特别要记住的是，当小朋友到了目的地的时候，一定要和家人联系一次，并约定好回家或他们来接的时间。如果无法约定一个准确的回家时间，或者回家时已经很晚，那么一定要让监护人来接自己，千万不能独自行动。

自我保护诀窍

　　像是游戏厅、歌舞厅这类危险的娱乐场所，以及距离家很远的公园等，都不是小朋友可以去的地方。前面已经说过，这些地方本来就是怪叔叔喜欢出没的区域，到这些地方去玩无异于把自己往怪叔叔的怀里送。

　　小朋友还要记住一点：如果有成年人或较年长的人邀请你到这类地方去，那么不仅要拒绝，而且以后对这个人还要多加一些提防，因为一般的人是不会邀请小孩子来这种地方玩的。

自我保护诀窍

　　远离怪叔叔侵害的最后一个方法，就是一旦发现周围的人有侵害你的苗头，或者已经有轻度的侵犯行为时，一定要立刻跟可靠的成年人反映。只要成年人开始对事件进行干涉，绝大部分的怪叔叔是不敢继续伤害小朋友的。千万不要因为害怕而不敢把事情说出来！

小红又遇到难题了，小朋友，请你帮帮她，告诉她在图中的场合应该怎么说吧。

五、对付怪叔叔

先看一个案例：

　　小圆是个 13 岁的女孩子，跟着妈妈一起从老家出外打工。由于妈妈的工作很忙，小圆很少能跟妈妈见面，一直都是一面读书、一面帮邻居养鹅赚钱。周围的孩子都比她大一些或小一些，她又对新家的环境不太熟悉，所以也没有什么朋友。只有一个跟小圆一起养鹅的、40 多岁的吴姓男子和她往来较为密切，小圆一直叫他"吴哥"。

　　然而，就是这个吴哥，在短短半年的时间内强奸了小圆 4 次。

　　事情败露后，警察乃至小圆的妈妈都感到颇为不解：小圆的确一直是一个人在家，跟妈妈的沟通也不畅，这些条件都加大了她被性侵的可能性；但是小圆毕竟已

经快 14 岁了，怎么可能被吴哥多次强奸，却连报警的行为都没有呢？吴哥都快 50 岁了，又没什么钱，他是用什么方法让小圆不敢对外声张这件事的呢？

真相其实非常简单：吴哥一直在用两件事威胁小圆，一是如果她敢把被强奸的事情说出去，吴哥就要杀掉她的妈妈；二是如果小圆不说，吴哥就继续和她做好朋友。就这么简简单单的两句话，把小圆吓住了整整半年之久。

可以说，在遇到侵害时，小圆对事情的处理是非常糟糕的，这加重了她受到的伤害。那么，假如小朋友真的遇到了怪叔叔，甚至已经要开始与他周旋了，又该怎么做呢？在这里，我们还是要提出几个原则：

保护自己最重要：在面对性侵害时，任何时候都应该以自我保护为最高原则。假如发现情况非常危险，或者实在找不到脱身的方法，那么绝对不能跟怪叔叔硬碰硬地正面对抗，因为这只会加重自己受到的伤害。不论是在什么时候，小朋友的生命安全都是最重要的，可千万要牢记这一点啊。

有事就把爸妈找：这是自我保护的第二条原则。当确定了自己已经不再有生命危险后，不管怪叔叔用什么话来威胁你、欺骗你，小朋友都不要害怕或上当，一定要立刻跟家人和可靠的人反映。顾忌面子、不敢声张换来的只会是进一步的伤害，像案例里的小圆就是最好的例子。

冷静下来才能逃：这是自我保护的第三条原则。假如被怪叔叔控制或是劫持了，最重要的就是冷静下来，观察周围环境，找机会向人求救或逃走。千万不能一时冲动就和对方正面对抗，那样只会增加小朋友受到的伤害。

记住了这三条原则，小朋友即使真的遇到了怪叔叔，也应该能跟他好好周旋一下了。下面就让我们看看对付怪叔叔的具体方法吧！

（一）想一想：你能对付怪叔叔吗？

看了前面的内容，相信小朋友已经对怪叔叔有了很深的了解，也知道该怎么躲开他们了。可是，如果真的遇到了怪叔叔，小朋友又该怎么应对呢？下面有几个问题，小朋友可以想想看哪个是正确答案。

1.你偷偷地从家里跑出来，在门口一个人玩。一个中年人突然走过来，笑眯眯地对你说："你真可爱，让叔叔摸摸你吧！"一面说着，一面还把手往你的衣服里伸。你会_____

A.立刻大声呼救并严厉地拒绝他。

B.哭泣，不知所措。

C.不出声，觉得难堪或是怕被爸爸妈妈知道后批评。

2.你正在放学的路上，一个看起来又高又壮的男人突然走了过来，粗声粗气地对你说："跟我来，不然我就打死你！"你会_____

A.乖乖跟着他走。

B.拼命反抗。

C.和他周旋，找机会逃走。

3.老师把你叫到办公室，一面批评你："这次考试成绩又这么差！"一面用手在你的身上乱掐。你会_____

A.默默忍受，谁让我没考好呢。

B.告诉她不能这么伤害自己，再这样做就向家长反映。

C.不敢出声，怕家长知道自己会挨打。

这三道题的正确答案分别是A、C、B。怎么样，小朋友都选对了吗？相信聪明的小朋友一定从这三道题中看出来了，对付怪叔叔时，最重要的是保护自己并减小可能受到的伤害，同时最好能让对方不能继续伤害你。

妈妈，邻居叔叔刚才把手伸到我衣服里面。

自我保护诀窍

　　当在交通工具上，或是在家外面遇到想要偷着摸小朋友身体的人时，不管你的监护人是不是在身边，都一定要在他打算这么做时及时阻止他，并且让周围的人知道。这能很好地吓退打算侵害你的怪叔叔，并让他得到应有的惩罚。

　　假如对方趁着你周围没有大人也没有其他人注意时侵害你，或是对方看起来非常危险，那么就要以保护自己为先，等得到家人的保护后，再立刻向他们反映对方所做的事情。

自我保护诀窍

当被坏人挟持时，考虑到对方和小朋友的力量不成比例，千万不可以和他硬拼。这时可以注意寻找人多或是有警察、保安等在的地方，并设法接近他们、向他们呼救。如果找不到能帮助你的人，就要尽可能地保护自己并拖慢怪叔叔将你带离你比较熟悉的环境的速度，以便寻找适当的时机求救。

自我保护诀窍

　　不可避免地，你的老师、家里的一些成年人，甚至是你的父母中的一个，会有意无意地做出伤害小朋友的行为，例如在训斥时忍不住打小朋友一下，或是说的话太重了一些。这些是可以理解的。但是，如果这种行为的频率很高或是对你造成的身心伤害非常严重，甚至是成为了常态，那就意味着事情的性质很可能已经发生了改变，他们是在伤害你。在这个时候，一定要及时和别的可以信赖的大人联系，请他们设法保护你！

亲爱的小朋友，现在就让咱们来测试一下你是不是已经能对付"怪叔叔"了吧！这里的三组画面都没有配台词，请你根据具体的画面想出怪叔叔说的话和小朋友的回答，并把它写在上面，然后给你的爸爸妈妈，让他们看看你答得好不好。

后 记

亲爱的小朋友，你现在已经读完这本书了，感觉如何？是觉得怪叔叔很可怕呢，还是觉得自己已经不怕他们了？

如果你还是觉得害怕，没关系，再认认真真地读一遍这本书，把书中提到的原则都记清楚，最重要的是在生活中一定要按照书中的要求去做。你会发现，即使怪叔叔近在咫尺，他们也拿你无可奈何。

如果你已经有信心对付怪叔叔了，那么更要牢记一点：千万不能因为怪叔叔一时没有出现，就放松了警惕。怪叔叔在被发现前永远有机会伤害你，而你只要犯了一次错，就有可能被严重的伤害。

当然，我们始终相信，当你认认真真地看完这本书后，你一定会在和怪叔叔的斗争中取得胜利！我们也衷心地祝愿你能无忧无虑地幸福生活、快快乐乐地健康成长！